天才インコ・ばど美が教える
インコのきもち 100 incolish

IAABC公認
オウム・インコ行動コンサルタント
石綿美香 監修

はじめに

インコは感情豊かな生き物。
ですが、人間の言葉で
会話をするわけではありません。

その代わり、インコの気持ちは、
ボディサインに表れるのです。

目の動きや、羽毛のふくらみ具合、
羽の持ち上げ方などを観察すれば
気持ちがわかるようになります。
意識しなければ気づかなかった
小さなサインに、大きなメッセージが
含まれているのです。

この本では、インコの気持ちが
わかる100のサインを集めました。
写真と解説テキストで予習してから、
あなたのインコを
観察してみてください。

登場インコは、日本トップレベルの
天才インコのばど美と、同居インコたち。
見るだけで癒される写真にもご注目ください。

それでは、楽しいインコ語の世界へ
いってらっしゃい！

登場鳥紹介

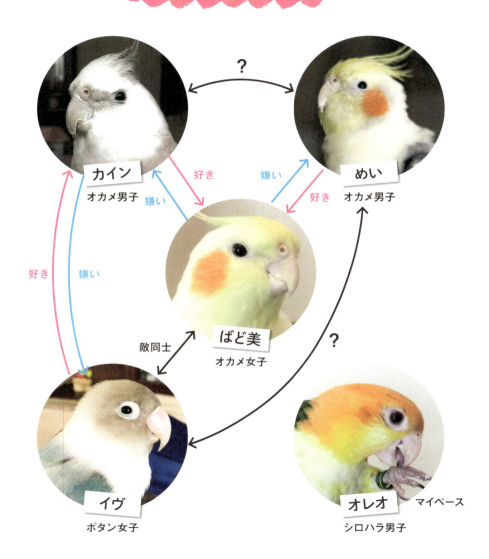

登場鳥紹介

ばど美(み)

2010年6月5日生まれ　女の子

出会いは生後約1カ月のころ、ペットショップにて。挿し餌のころからクリッカートレーニングを始めた芸達者。人間対象のトレーニング教室で「動物にはこうやって芸を教えるのよ」というデモを担当する働きインコでもある。家では、熱烈に求愛してくる2羽のオカメ男子には目もくれず、ごはんひと筋。そのためいつも、ぽっちゃり気味。

イヴ

2011年6月15日生まれ　女の子

知人の家から、生後約3カ月ほどで仲間入り。人になれない"荒鳥"だったが、その日からの社会化トレーニングにより手乗りインコに。ラブバードらしく愛情深い。趣味は秘密基地作りと紙ちぎり。暴れん坊のいたずらっこだけれど、オカメ男子のカインの前では超ぶりっ子。熱い想いを伝えるも、叶わぬ日々である。

カイン

2010年4月15日生まれ　男の子

出会いは生後1才半のころ、ペットショップにて。ショップ時代は無口だったので女の子なのではと疑われていた草食系男子。仲間入り当初は、いろいろなものが怖くてフリーズしたままの"地蔵インコ"であった。その後は、ばど美のマネをすることで社交性を身につけた。イヴから日夜熱いラブコールを受けるも、ばど美に熱烈片思い中。

登場鳥紹介

めい

2012年5月22日生まれ　男の子

出会いは生後約1カ月のころ、ペットショップにて。三度のメシよりばど美LOVEで、ばど美の姿をみるやいなや、羽を浮かせてアジの開きのような姿に。そして、大きな声で自作の愛のメロディを歌いはじめ、とてもうるさい。それなのに、自分の抜けた羽が怖いビビりくん。新しいものは、ほかの鳥が試すのを見てからやっと接触する慎重派である。

オレオ

2015年3月16日生まれ　男の子

知人宅で生まれ、父母やきょうだいとともに生後2カ月半まで生家で過ごしたのち、仲間入り。毎日いろいろな経験をしながら、大人のインコ目指して成長しているところ。好奇心旺盛のいたずらっ子で、人間が大好き。幼いながらもクリッカートレーニングのデモなどを務めた経験あり。幼いのに、家の中ではすでにもっとも体がデカイ。

Lesson 1
起きてから寝るまで
ばど美的インコ語 42
P13

Lesson 2
ばど美と愉快な
仲間たちのインコ語 46
P57

Lesson 3
ココが魅力！
パーツ別萌えガイド 12
P105

本書の使い方

この本は、コンパニオン・アニマルのトレーニングの専門家の自宅で飼われているインコ5羽が主人公です。写真と解説テキストで、インコの気持ちを学習してください。インコの種類により、ボディサインの意味合いは変わってきます。また、個性のある生き物のため、個体差があります。

【注意】
■状況や体調、年齢などによって、しぐさの表れ方や気持ちの意味合いが変わってきます。
■トレーニング時に、高カロリーのおやつをあげすぎないように気をつけてください。
■放鳥時の事故や逃げ出しなどには十分ご注意ください。
■おもちゃは、インコがかじっても安全なものを選んでください。
■ボディサインだけでなく、食事量や体重、鳴き声、羽のツヤなどにも注目し、体調不良や病気の早期発見に努めてください。病気かなと思ったら、早めに動物病院へ。

Lesson 1
起きてから寝るまで
ばど美的インコ語
42

ごはん

incolish ① 朝ごはんを食べると活性化

「早起きは三文の徳よ。」
The early bird catches the worm.

野生のインコは早寝早起きです。人間と暮らしているとリズムが人間に合ってくるようです。ばど美ちゃんは寝起きがやや悪めですが、ごはんをあげると活性化！　朝起きておなかが減っているのは人間も同じ。健康な証拠です。

対インコ

incolish ❷ 好きだと距離が近く、嫌いだと遠い

「朝からウザい、同居のアイツ。」
Manners know distance.

同時に放鳥すると、ばど美ちゃんに思いを寄せるめいくんの冠羽はぴったりと張りつき羽をワキワキして体を前のめりにさせています。そして、それをよく思わないばど美ちゃんの冠羽は、ピンと立って体も少し引き気味で逃げの体勢です。距離は縮まりませんが、適度な距離感こそ大事。

起きてから寝るまで　ばど美的インコ語 42

日光浴

incolish ③ 天気がいいとインコも元気

「日光浴で、健康に！」

The sun shines upon all alike.

天気のいい日はときどき、専用のケージでお庭へ。窓越しの太陽ではビタミン生成に必要な紫外線がカットされてしまうので、あまり効果がないのです。でも、直射日光を避ける、猫や大きな鳥などから守るなどの注意が欠かせません。

おもちゃ

incolish ❹ 鏡があれば、のぞきこむ

「鏡に写るインコさん、あなたもお仲間？」

Beauty is in the eye of the beholder.

鏡好きなインコは多いです。群れる生き物なので、鏡の中の自分を仲間だと思っているのかも。鏡に向かって吐き戻しやそのほかの発情に関わる行動をしてしまう場合は、心と体の健康のために鏡を取りのぞき、楽しんでくれるほかのおもちゃに代えましょう。

ごはん

incolish ⑤ 体重測定

「インコの世界も
メタボは厳禁。」

Gluttony kills more than the sword.

運動不足＋おいしいおやつで、家庭のインコは太りやすいもの。健康管理のために体重測定を日課にしましょう。最初は体重計(キッチンスケール)を怖がるかもしれません。インコのペースを尊重したトレーニングにより体重計を大好きになり、進んで乗ってくれるようになります。

体

incolish ❻ **体をかく**

「かゆいところに 足が届く。」

Mind your own business.

片足立ちになって、カッカッと体をかいています。本当にかゆいこともありますが、緊張や興奮する場面の直後にも体をかくしぐさをすることが。これは落ち着くための行動のようにも見えます。同じ場所ばかりかいている場合は病気の可能性もあるので、病院で相談してください。

羽

incolish ７ 丁寧に羽づくろい

「羽づくろいは趣味であり、仕事であり。」

Cleanliness is next to godliness.

羽づくろいは健康維持のために必須。汚れを落とし、尾羽の付け根の脂腺(しせん)から出る脂をくちばしでヌリヌリ。鳥同士(性別問わず)はコミュニケーションのためお互いを羽づくろいすることも。羽づくろいにも個性が出て、丁寧な子といい加減な子がいます。

行動・しぐさ

1 起きてから寝るまで ほど美的インコ語 42

incolish 8 ぼーっとする

「あたし、毎日幸せよ。」

All happiness is in the mind.

眠い、退屈、などのサイン。ほほの羽がくちばしに覆いかぶさるようになるのはリラックスしている証拠。スキンシップのなでなでをさせてくれる子もいると思います。また退屈しているのであれば、喜んでトレーニングに参加してくれますよ。

行動・しぐさ

incolish ⑨ 大きなあくび

「眠いとき以外も
あくび、出ちゃうよね」

A sound mind in a sound body.

夜だけでなく昼間でも、あくびは出ます。遊び疲れて寝る前にも大あくび。ところで、インコは、ほほのあたりをカキカキするとあくびが出ます。写真でいうとオレンジのほっぺあたりです。それも、結構連発でします。ファンは"あくびスポット"と呼びます。

ごはん

incolish 10 ごはんが好きな子はすぐ太る

「ん？ デブって言った？」
Hunger is the best sauce.

運動不足から肥満になりやすいインコ。毎日の食事量の管理は飼い主の大切な仕事です。体重測定はおデブでなくても日々の健康管理のため必須。喜んで体重計（キッチンスケール）に自分から乗るように教えておきたいものです。

羽

incolish ⑪ 羽が生え変わる

「季節の変化を、羽で知る。」
A change is as good as a rest.

羽の生え変わりの換羽（かんう、またはトヤ）は通常季節の変わり目ですが、人間と空調のきいた部屋で暮らしていると年間通してまんべんなく生え変わることも多いです。体力を消耗し、体調を崩すインコは少なくありません。いつもより栄養価の高い食事を与えるなどのケアを。

羽

incolish ⑫ 羽を広げてバサバサする

「あたしを見てー」
Look at me.

こんな風に羽を大きく広げてバサつかせるのは興奮している証拠。「ケージから出して」とかなどというアピールのことも。ばど美ちゃんは、不仲のイヴちゃんのケージの上に飛んでいき、そこでバサッと羽を広げて威張ったり。

水浴び

incolish 13 水を見たらとりあえず入る

「水浴び、快感。」
Beauty opens locked doors.

体を清潔で健康な状態に保つためにも水浴びは大切。水の入ったお皿で上手に水浴びする子や、霧吹きで水をかけられるのを好む子もいます。ほかの鳥の音につられて水浴びする子も少なくありません。きれい好きな子は頻繁にします。

おもちゃ

起きてから寝るまで　ほど美的インコ語 42

incolish 14 おもちゃには、ゆっくりなれる

「あっ、カメさん。
竜宮城に連れてって!?」

Better be safe than sorry.

おもちゃのカメさんを発見。怖がりの子に新しいものを急に近づけたり見せたりするのは禁物。第一印象が肝心です。まずは、遠くに置いておくなどして、反応をみましょう。安全だと確認できれば自分から徐々に近寄っていきます。

おもちゃ

incolish 15 動くものは、すべて気になる

「なにコレ。揺らすとおもしろいんだ！」

Don't put off what you can do today until tomorrow.

インコはほかの鳥（や人）の真似をすることが多いので、新しいおもちゃは、飼い主が遊んでいるところを見せると一緒に遊びはじめることも。揺らしてみたり、「引っぱりっこ」、「持ってきて」などで一緒に遊びましょう。壊されたくないものや危険なものは遠ざけるべし。

おもちゃ

incolish 16 気になるものは、まずかじる

「このおにぎり、食べられる？」
Nothing ventured, nothing gained.

おもちゃのおにぎりを発見。インコが、はじめて見るものを確認するときにはまず口を使います。舐めたり噛んだりするので、人間の赤ちゃんと同様に、おもちゃを与えるときは、インコが口にしても大丈夫な自然素材などの無害なものを選びましょう。

incolish 17 遊ぶ。くわえる。壊す

「これ、かじるの楽しいね。」

Pearls before swine.

これは、噛んでも安全な素材を使った小動物用のかじるおもちゃ。くわえたり、押したりできるボール型のおもちゃはインコに大人気です。インコはその強いくちばしでものを壊してしまいますが、それもインコの楽しみのひとつ。消耗品と思って、責めないで！

トレーニング

incolish 18 ごほうびをもらってやる気になる

「ベビーカーを押す練習！」
Art brings bread.

トレーニングは、「行動の後によいことがあれば、その行動を繰り返す」という行動学がベース。こちらが望む行動をクリッカーでタイミングよく伝えたり、ほめたり、ごほうびをあげることでやる気はUPし、どんどん覚えてくれます。みんなから愛されるかわいい芸を教えてみましょう。

トレーニング

incolish 19 覚えた芸の応用で、新しい芸を覚える

「次は、買い物カートを
押す練習！」

Art is long, life is short.

カートにりんごを入れて飾っていたら、ばど美ちゃんが「押せばごほうびくれる？」と、新しい芸を自ら発明。こうした好ましい行動をしてくれたら、すかさずほめて、ごほうびを出します。くりかえしているうちに、新しい行動や芸の種類が増えていくでしょう。

行動・しぐさ

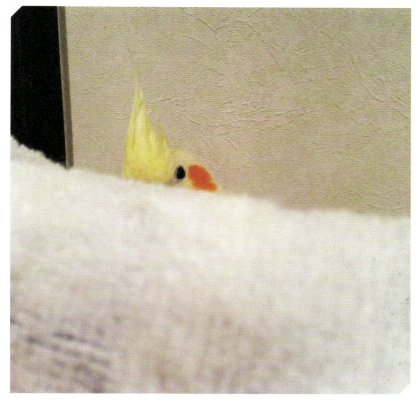

incolish 20 体力の続く限り、外で遊びたい

「まだ、おうち(ケージ)に帰りたくないよう。」

Time flies like an arrow.

ケージの外は出会いや遊びなど、楽しいことたくさん。でもケージに帰るとひとりぼっち。素直に帰る習慣をつけるため、ケージに入る価値を高めます。戻す少し前からあまり構わずにいて、ケージに戻った後は、おやつをあげたり、たくさん声をかけたりと、注目してあげるように。

居場所

incolish 21 ケージから出たがる

「あーあ、戻されちゃった。」
A cage went in search of a bird.

ケージに自主的に戻るのがエライよね。インコの日々の楽しみである放鳥は、1日2〜3回30分ぐらいを目安に行いましょう。ただし、インコは好奇心旺盛でいたずら好きなので、放鳥時は鳥を危険な目に遭わせないように、目を離さないようにしましょう。

移動

incolish 22 練習すればお出かけOK

「出勤インコ！」

Adversity makes a man wise.

オフィスへ、飼い主とともに出勤。車窓から見なれないものを見て、警戒して"細く"なってます。インコによってクルマの移動を怖がる子やクルマ酔いしてしまう子もいます。なれればお出かけはインコの楽しみに。インコのようすを見ながらペースに合わせてなれさせてあげましょう。

睡眠

incolish ㉓ くちばしを背中にうずめて目を閉じる

「寝られるときに寝ておこう。」
Allow yourself to be bored.

無事に到着。落ち着いたのか、なんだか安心したようで、くちばしを背中にうずめて真ん丸に。「本気寝」モードです。遊んでいても眠くなってくると、そのままの姿勢でうとうとすることも。こうなったら、声などかけずにそっとしてあげて。

首

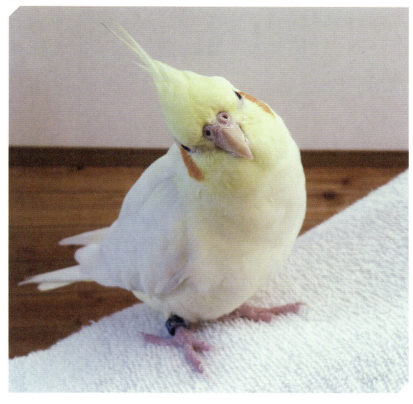

incolish 24 首をかしげる

「あれ〜?
あたしのおもちゃどこ行った?」

The face is the index of the mind.

こちらの顔を見て首をかしげるのは、考えごとをしているから。または、興味、疑問などがあるときにも見せます。ばど美ちゃんは、人間が隠したおもちゃの行方がわからなくなったため、こんな表情に。繊細な感情は表情やしぐさに現れます。

ごはん

incolish 25 ごはんを探してパトロール

「おいしいもの、
どこかに落ちてないかしら？」

Fast bind, fast find.

体の軽量化のため、インコの消化システムは独特。食いだめもしないので、頻繁に食べます。食べものを見つけたらごはんのチャンス。なれたものしか食べない子もいますが、非常時などではいろいろなものを食べられるとよいので、できるだけ食の好みの幅を広げておきましょう。

ごはん

incolish 26 おやつは暮らしの楽しみ

「好物は果物や
トウモロコシです。」

Eat to live, not live to eat.

ごはんの基本は、シード（植物の種）とペレット（固形化された総合栄養食）＋おやつ。好ましい行動をしているときにおやつをあげると、どんどんいい子になります。また大好きなおやつは苦手なものを克服するときにも役立ちます。ふだんから好きなものを把握しておきましょう。

ごはん

incolish 27 人間のごはんに興味津々

「これ、食べていいのかしら?」

One man's meat is another man's poison.

人間の食べものは、いいにおいでインコにも魅力。あっ、ばど美ちゃんがパンを見つけて盗み食いしようとしてる!　だめだめ、インコと人間では必要な栄養成分が違うので、人間用の加工食品を食べると糖分や塩分過多となって、健康を害することがあるんだから。

対インコ

incolish 28 相手の出方を見ながら距離を縮める

「あんた誰？ どこから来たの？」
You scratch my back, I'll scratch yours.

冠羽がフワッとしているときはリラックスのサインですが、ぴったり後ろに張りついているときは、緊張状態。はじめて会うインコと仲良しになれるかどうか、相手の出方をみながら探っています。そしてこの後、交互にごはんを食べる仲に。こんな風に徐々に仲良しになっていきます。

行動・しぐさ

incolish 29 気分がよければ、カメラ目線

「かわいく撮ってよね。」
Peace begins with a smile.

カメラを向けるとカメラ目線をしたり、ポーズを決めるインコは少なくないらしい。「注目されている」、「ウケる」などと思って、気分が上がるみたい。シャッター音を嫌がるようなら、音の直後におやつをあげるとカメラを見てくれるだけでなく、撮影タイムを楽しみにしてくれるでしょう。

トレーニング

incolish 30 楽しみながら、いろいろ覚える

「芸は遊び、得意なことの延長。」
What one likes, one will do well.

午後の芸トレ。少しでも足を上げたらごほうびを。上げない子は、ステップアップ（インコを指にとまらせるときの合図）の要領で。人が指を出したら足を上げるので、クリッカーなどで「いいね！」と伝えます。徐々に手の高さを上げていけば、「バイバイ」芸の完成！

おもちゃ

incolish 31 人間の道具で遊ぶ

「これ、くわえるの楽しいね。」

Fear is often greater than the danger.

自分のテリトリーで新しいものを発見。わたしたちが見なれた洗濯ばさみでも、小さなインコにとっては恐怖の対象にだってなりえます。最初は警戒していても興味があれば徐々に近づいていきます。わざと近づけて怖がらせないように、インコのペースを尊重してあげます。

羽

incolish 32 突然、モッフモフになる

「ちょっと疲れたけど、たくさん遊んで楽しかったよ。」

A change is as good as a rest.

全身の羽毛がモフモフにになったときはリラックスして少し眠かったり、精神的に満足している場合が多いです。ただ寒いときとか体調不良のこともあるので、観察が大事。インコって感情がさまざまに変わり、表情がくるくる変わるんです。

くちばし・口

incolisn ㉝ とまり木でくちばし掃除をする

「これやると、気持ちいいの。」
Manners make the man.

くちばしをとまり木にシャシャシャっとなすりつける動作は、主に食べかすなどの汚れを落とすため。くちばしを触られるのが好きな子は多いようです。またくちばしを軽く指で挟んだりなでたりするのを喜ぶ子もいます。

羽

incolish 34 尾羽の先まできれいにする

「尾羽の先をくわえて……
勢いよく放すッ！」

Fine feathers make fine birds.

同居オカメ男子たちに比べて、ばど美ちゃんはきれい好き。尾羽の先まで、くちばしでくわえてお手入れしていきます。先っぽのお手入れをするとき、尾羽は写真のように弓なりにしなります。この後くちばしを放すと、尾羽が「ばいーん」と勢いよくまっすぐに戻ります。ダイナミック！

対犬

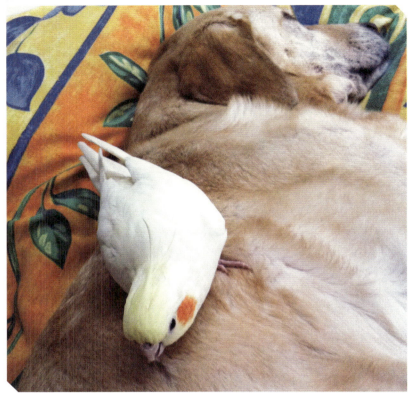

incolish 35 オカメインコは犬と仲良し

「犬にも親切に。
毛づくろいしてあげようっと。」

Let sleeping dogs lie.

同居のレトリバーは、ヒナのときから一緒なので家族同然。適切な社会化を行なえば、ほかの動物と同居することは可能。オカメインコはおだやかな性格の子が多いですが、基本的にはビビリなので徐々にならしていきましょう。一緒にいるときは、目を離さないように！

対飼い主

incolish 36 安心できる場所でまったり

「肩とか頭の上とか、
高いところが好きなのよ。」

Pride will have a fall.

腕から肩、頭の上にいくことも。高いところは人にジャマされないし、マイペースでいられます。その気持ちを尊重しつつ、そばにいるときは楽しみを提供し、人の手を好きにする練習もしましょう。魅力的な人と思ってくれれば高いところに行ったきりにはなりません。

睡眠

incolish 37 夜に向かって眠くなる

「たそがれちゃう。」

The longest day has an end.

ドライブに出かけました。車の中でもお行儀よく、お出かけ先では楽しい時間を過ごし、帰りのクルマに乗り込んだど美ちゃんですが、夜が近づくにつれてちょっとずつおねむに……。眠そうにしているときは、寝顔を愛でながら、そっとしておいてあげましょう。

ごはん

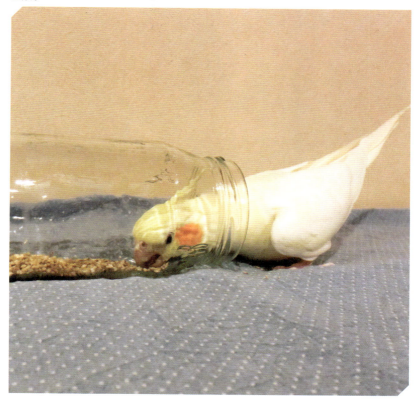

incolish 38 食べものへの飽くなき挑戦

「頭を使って、
ごはんにありつく。」
You can't have your cake and eat it.

あれ、ごはんがいつもと違うガラス瓶に！　実はこれ「フォージング」の一種。野生の暮らしのような食べもの探しをする環境設定で、知的好奇心を満たすためのもの。毎日同じうつわのごはんを食べるだけでなく、食べものを得るためのドキドキ体験もさせてあげましょう。

対飼い主

incolish 39 **夜のインコは甘えん坊**

「もっと……さわってください。」

A maid that laughs is half taken.

ばど美ちゃんは、なでてほしいときには人の手の下に潜り込み、頭を手のひらにピタッと添わせます。ほほの羽根がくちばしを覆うようにふくらんでいるのは、気持ちよいから。頭やほほ、くちばしの周りなどを指でカキカキしてあげると、こんなうっとり顔に。

羽

incolish 40 全身がふくらむ

「そろそろ休みます。」
That's the way the ball bounces.

楽しかった遊びもひと段落、ちょっとおねむになってきました。インコが体をふくらませるのはリラックスしているときや眠いとき。寒いときや体調が悪いときにもふくらむので、注意が必要です。目の輝きや活動レベル、食事の摂取量や排泄などから判断してください。

くちばし・口

incolish 41 ギョリギョリという音を出す

「ギョリギョリ。」
Change before you have to.

あたりが薄暗くなると、完全におやすみモードに入ります。あら、目がもう半分閉じちゃっていますね。歯ぎしりのようなギョリギョリという音が聞こえてきました。これはインコのおねむのサイン。眠くなってくると、からだ全体の羽ももっふりと膨らみます。

羽

incolish 42 おやすみ前の羽づくろい

「うざいヤツがまた来たよ！」

After a storm comes a calm.

のんびり羽づくろいをしていたら、ばど美ちゃんを好きなオカメ男子がちょっかいを出しにやってきました。めいくんの羽がわずかに開いているのは愛のアピール。ご自慢の歌声を披露しますが、ばど美ちゃんは無関心。しつこい男は嫌われるぞ。乙女心を勉強してね。

目指せ！芸インコ

インコに芸を教えるには

　ばど美ちゃんは日本トップレベルの芸インコ。それは、ヒナのころから始めたいろいろなお勉強の賜物です。まず、人間社会での生活になじみ、「いつでも、どこでも、誰とでも」平気でいられるのが芸インコのベース。この性質は、幼いころから「社会化」といわれる大勢の人間と触れ合ったり、いろいろなものを見聞きする経験をさせたことではぐくんだものです。

　ただ、ばど美ちゃんほど徹底せずとも、楽しみながらインコに芸を教える方法があります。

　そもそも芸といっても、もともとできることや得意な動きを「強化」するだけ。「その動きかわいいね！」と、好ましい行動をしてくれたらすかさずほめることが芸トレーニングの基本。ほめるときには、インコが大好きな食べものをあげるなどします。ここで重要なのが「インコ自身がごほうびと思うもの」を見極めること。人間が苦手なインコに笑顔で顔を近づけて「えらいねー！」などとほめてもごほうびにはなりません。食べるものをあげる場合も、手が怖い子に手からごほうびをあげても手が怖いためごほうびとしての価値は低くなってしまいます。

　また人間の表情や言葉や気分などが鳥を混乱させることがあるため、教えたいことが上手に伝わらないことも。そんなときには「クリッカー」という道具が役立ちます。それは、インコが学習に専念できる明確な正解の合図のためのものです。

▶クリッカーについては
　P104へ

Lesson 2
ばど美と愉快な
仲間たちのインコ語
46

羽

incolish ㊸ 冠羽が立つ

「んっ!?」

Speech is silver, but silence is gold.

オカメインコの気持ちは冠羽にも表れます。ピンと立っていたら興奮や緊張のサイン。目線の先になにがあるかな？　怖い、好奇心など過剰な反応が出やすい状態でもあります。怖がっているなら「怖くないよ」と知らせてあげたり、好奇心なら対象物を見せたりするのもいいでしょう。

行動・しぐさ

incolish 44 物陰からうかがう

「いつも見てるから。」
The eye is blind if the mind is absent.

全身の羽毛をふっくらもふもふとふくらませています。これは、健康であればリラックスや幸せ感を表します。そして物陰に隠れるのを楽しむインコがいます。ところでコレ、インコ自身は隠れたつもりでも、こちら側からは丸見えなんですけどね。

羽

incoʻish 45 スサーっと翼を伸ばす

「これから本気出す。」

Are you ready?

片足を上げて片羽を伸ばすのは、活動開始のときや気分を切り替えるときににすることが多いしぐさです。ファンはこの動作を「スサー」と呼びます。こんな動きをしたら遊びの気合い十分です。トレーニングや遊びに誘うときっと乗ってきてくれるでしょう。

水浴び

incolish 46 ノリノリで水浴び

「おっしゃ、風呂だ〜。」
Other times, other manners.

霧吹きが大好きなカインくん。顔面で霧を受けて翼を大きく広げるので「ここにもかけてー」と言っているみたい。ほかの水浴びしているインコから水しぶきが飛んでくると、水浴び大好きな子たちは待ちきれないようすでアピール開始。水浴びは清潔、健康のキホンです。

羽

in.cclish **47** 愛してワキワキする

「ばばば、ばど美ちゃん！」
Can we talk?

めいくんはケージから出ると、たいていばど美ちゃんのそばに行ってアピール。羽を広げる、愛を伝える「ワキワキポーズ」でラブソングを歌います♪　仲良しの鳥同士ならよいコミュニケーションのはずなのにね。

羽

incolish 48 飛行機のポーズ

「あたしと、子育て いたしませんか？」

Will you marry me?

飛行機と呼ばれるこの姿勢はズバリ、発情のポーズ。翼を広げている姿です。鳥によって発情の行動パターンは異なりますが、繰り返すと健康的にも行動的にも問題が起こります。飼育環境を工夫することで上手に管理していきましょう。

目

inco!ish 49 目をじっと見る

「あなたのこと信頼してる。」

Where love is, there is faith.

動物にとって目をじっと見るのは一般的に威嚇や攻撃のサインですが、ペットのインコだと愛情や何かのメッセージのことも。ほしいものがあるとき、対象物と私たちの目を見比べるようなしぐさをします。そんなときは「これがほしいの?」と言って願いを叶えてあげましょう。

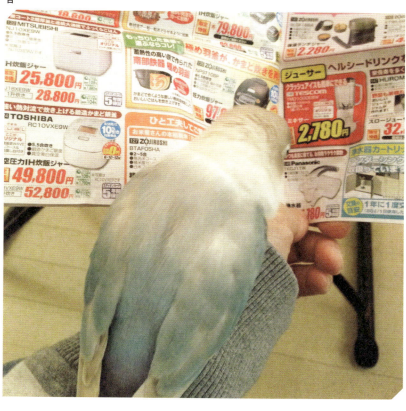

incolish 50 　紙に興味津々

「あら、お買い得じゃないの！」

Make the best of a bad bargain.

チラシの文字はもちろん読めませんが、どんな風に見えるのかな。インコは色の識別能力は人間よりも高く、おもちゃもカラフルなものを好む子も多いです。それに、視界は330度のワイドビューともいわれています。インコは特別な進化をしたすごい生き物なのです。

首

incolish 51 **首を伸ばしたりかしげたり**

「えええ？！」

Awesome!

インコの首は柔軟。ときには2頭身なのに、びよ〜んと伸びて8頭身ほどにも。驚いたり、不思議なものをみつけたり、興味のあるものをじっくり見るときはこんな姿勢です。ほかに首をかしげたりもします。逆に首を縮めるときは、怖かったり自信がない場合が多いようです。

行動・しぐさ

incolish 52 ごろごろ転がる

「転がるのが、楽しいよね。」

A rolling stone gathers no moss.

新入りのシロハラインコ、オレオです。はじめまして。オカメインコたちに比べると、赤ちゃんなのにもうすでに圧倒的にデカイのです。リラックスしていてノリノリで遊んでいるときなどは、自らおなかを出してコロコロ転がるんですよ！

行動・しぐさ

incolish 53 人のコップで水を飲んだり、遊んだり

「なんだよ、
この中カラじゃねえか！」

What can you expect from a hog but a grunt?

イヴちゃんは、人のコップから水を飲む習慣があります。コップに足をかけたポーズが、活発でやんちゃです。いまは手にも乗り人とも遊ぶイヴちゃんですが、もともとは子育て過程で人が介入していない"荒鳥"で、人を怖がった過去があるのです。

足

incolish 54 足の力で、踏ん張る！

「女の子だって
これぐらいできるわ。」

Use legs and have legs.

イヴちゃんは女の子なのにおてんば。インコは、このように足の力だけでケージの間などでも踏ん張れます。そしてこの優越感に満ちあふれた顔！　鉄の女・ばど美がいない間はこんな風に自由気ままです。

目

incolish 55 仁王立ちで見つめてくる

「あんたに言いたいことがある。」
Men are blind in their own cause.

ふんぞり返っているのは、新しい遊び場を見つけて超ごきげんだったから。「あたしの場所！」とでも言っているのかもしれませんね。ふだんからインコの目を見て接していると、インコも人間の目をよく見てくれるようになり、希望も目線を使って知らせてくれます。

くちばし・口・鳴き声

incolish 56 メロディや音をマネる

「めいちゃん♪」
Love and business teach eloqucnce.

オカメインコはおしゃべりは得意ではありませんが、メロディや音をマネします。これは繁殖本能に基づく求愛行動のひとつでもあり、仲間内でのコミュニケーション手段です。機械音のような高い声で名前を言ったり、着信音をマネしたりします。ほめるといろいろ覚えてくれます。

足

incoiish 57 器用な足でバイバイもできる

「バイバイ。」
Love me, Love my dog.

手からおやつを渡すと足で持って片足立ちに。シロハラインコは足でものをつかむのが得意。小さなおもちゃなら足で持って遊ぶことも。足を上げる動きをほめて強化すると、写真のように空中で足をグーパーさせる「バイバイ」芸になります。詳しくはコラムを読んでね。

くちばし・口

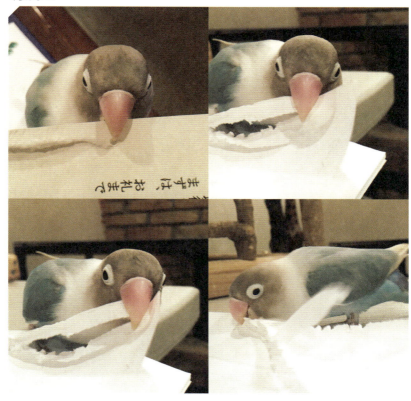

incolish 58 紙を細く切り刻む

「ヤバイ書類は、あたしにまかせて！」

Forgive and forget.

大事な書類でも紙を見れば、目の色変えて飛んできて、きれいに切り刻んじゃう！ インコは、種類によりますが巣材にするため紙を細く切る習性があります。薄暗く狭い場所へ運んで巣を作ろうとしていたら発情モード。場合により、紙遊びを制限したほうがいいかも。

羽

incolish 59 王子様みたいに冠羽が立つ

「王子様っぽいって、
言われます！」

Handsome is that handsome does.

びっくりしたり、なにかに興味を持ったとき、冠羽が立って王子様みたい。逆に寝ているのは、リラックスしていたり、怖かったり、自信がなかったりのサイン。冠羽は気持ちを知るのに役立ちますが、状況により意味が異なることも。全体の行動をよく見て。

行動・しぐさ

incolish 60 ホレた相手には一途に粘着

「胸きゅんきゅん。」

No folly, to love.

大好きなカインくんのケージに張りつくイヴちゃん。燃えるような恋心が真剣なまなざしに現れています。愛情深いといわれるラブバード。この姿にも一途な思いを感じます。でも、食事中のカインくんはちょっと迷惑かもしれないです……。

行動・しぐさ

incolish **61** 穴があればのぞきこむ

「中が見えないから、
そそられる〜。」

Curiosity killed the cat.

好奇心旺盛なインコはいつもおもしろいことを探しています。穴があれ ばのぞくのもそのひとつ。興味を持っているものを使って一緒に遊んで あげると、知的好奇心が満たされ幸せを感じてくれます。ひとり遊びも 上手で、自分で遊びを発明することもできるのです。

行動・しぐさ

incolish 62 頭を出してようすをうかがう

「遊びたいけど、隠れたい。」
Discretion is the better part of valor.

隠れて顔だけ出しているけど、かくれんぼかな？　かよわいインコだから、身の安全を確保しながら周りを観察する習性の名残かもしれません。遊びなら、「あれ〜？　どこに行ったのかな？」と真剣になって遊んであげると喜んでくれます。

居場所

incol'sh 63 スキマが気になる

「この裏に入りたいな。そこで、巣をつくるの。」

East, west, home's best.

インコはテレビの裏の狭いスキマが大好き。スキマに入っては、ちぎった紙やらおもちゃなどを持ち込み秘密基地のようにします。そして頭だけ出して外からの侵入者を拒みます。外からの侵入者がないから安心できるのでしょう。発情中は、立ち入り禁止にします。

居場所

incolish 64 なんでも顔を突っ込む

「穴があったら入りたい。」
Fortune favors the brave.

キッチンだと鍋、お椀、ペーパータオルの筒などに頭から突っ込んでいきます。冒険の旅のような遊びが好きなら楽しいドキドキ体験のために、毎日異なるものを用意してあげて。生活の中のよい刺激になるでしょう。また、ケガ防止のため安全なものを選びましょう。

居場所

incoish 65 部屋の中を飛び回り、あちこちで遊ぶ

「炊飯釜は遊び場だ。」
Cut your coat according to your cloth.

活発なイヴちゃん、放鳥中はあちこちをパトロールします。キッチンだと、お釜がお気に入り。安定感があるからふちにとまるのも楽しいし、中に隠れることもできるから。遊び中は、事故のないよう目を離さないようにしましょう。

居場所

incolish 66 狭いところにこもる

「もうここから出ないから。」
Love and knowledge live not together.

テレビの裏のスキマを秘密基地にして立てこもり。外敵から身を隠すため、巣作りのためなど、理由はいろいろ。なにも問題が起きなければOKですが、そこから起こる守りによる攻撃的な行動や発情につながるなら、違う遊び場を。

行動・しぐさ

inoliah 67 窓の外をじっと見る

「見るものすべてに興味あり！」

Many a flower is born to blush unseen.

外には好奇心をかきたてるものがたくさんあり、窓の外に目が釘づけ。興味を持って、飛んでいってしまわないために窓の開閉には十分な注意を。逃げだし事故には気をつけてください。万が一のために、呼んだら戻ってくる「呼び戻し」などを教えておきましょう。

居場所

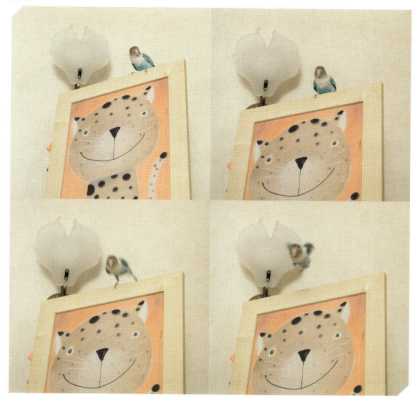

incolish 68 高いところに行きたがる

「お気にいりの場所。」

Where MacGregor sits is the head of the table.

高いところに行ってしまったきりのインコは、そこにいるのがトクだと思っているのでしょう。自由に遊べるし、部屋全体を見渡せるから小さな変化にもすぐ対応できるもの。飼い主の手元にいてほしいなら、インコが喜ぶことをたくさんして嫌がることをしないであげましょう。

行動・しぐさ

incol'sh 69 おもちゃにビビる

「なにこれ、コワイ。」

A coward dies many deaths, a brave man but one.

人間にとってはおもちゃでも、インコには見なれない物体。遊んでくれるかどうかは紹介のしかた次第。怖がったら無理せず、自分のペースで確認しに来るのを待ちましょう。またクリッカートレーニングで怖いものを克服練習すると、大好きなものに変わります。

移動

incolish 70 リードをつけてお散歩

2 ほど美と愉快な 仲間たちのインコ語 46

「ぼく、近所の人気者なんだ。」

Custom makes all things easy.

リードつきフライトスーツ（おむつのようなもの）をきて散歩デビュー。成鳥になってからでも可能ですが、小さいころから習慣づけると◎。多くの人との出会いは社会性を育みます。最初は怖がるので、インコのペースを尊重して。また、ほめ言葉やおやつを有効に使って。

行動・しぐさ

incolish 71 遊びを自分で発明する

「遊び方は、無限大。」
Better bend than break.

とまり木やロープを組み合わせたバードプレイジムは、アクティブなボタンインコにぴったり。足でぶら下がってくちばしで次の木をつかまえたりできます。楽しい運動は、脳へのいい刺激になるのです。インコの心の健康のためにも楽しい遊びの環境提供を心がけましょう。

対飼い主

incolish 72 転がるの大好き！

「ごろごろしちゃうよ。」
The face is the index of the mind.

人なれしたインコはスキンシップを好む子も多く、オレオくんもさわられるのが大好きです。このままウットリしながら居眠りをしてしまうこともあります。おなかを出して遊ぶのも好きなようで、手の中だけでなくケージのなかでもひとりでおなか丸出しで遊んでいます。

対飼い主

incolish 73 クールなインコがときどき甘える

「スキンシップは
大好きです……。」

I was spoiled by you.

インコが「ここをさわって」と、飼い主の手にすりよってきたり、手の前で頭を下げてアピールしてくることがあります。とくに頭やくちばしの周りをさわると、目がうっとり。さわっている人間も幸せ気分に。毎日やってあげたいですね。

対インコ

incolish 74 嫌いなものは見ないフリ

「あいつは嫌い。豆苗は大好き。」
（ばど美）

What you don't know never hurts you.

きょうのおやつは豆苗。めいくんは、意中のばど美ちゃんの近くにいられるので、平然をよそおいつつもときどき熱視線を送ります。しかしばど美ちゃんは豆苗から目を離さず、終始食欲優先なのです。ヒナのころから食欲旺盛のばど美ちゃんは色気より食い気なのね！

対インコ

incolish 75　2羽で食べれば、仲良くなる

「ばど美ちゃんといられて、ぼく、幸せです。」

The eye will be where the love is.

おやつにブロッコリーをもらって一緒にもぐもぐ。放鳥時間を楽しいものにするため、おいしいおやつを用意してあげるのは◎。同じ行動をするのが好きなインコには「同じ釜の飯を食う」環境に幸せを感じ、十分な量を用意すれば仲良しにもなりやすいのです。

対インコ

incolish 76 ときどきごはんを3羽で食べる

「みんなで食べると、おいしいね。」

The more, the merrier.

一緒にごはんを食べるのは楽しい時間。奪い合いにならないようにたっぷりごはんを用意するのがコツです。楽しい時間を共有させてあげられますね。新鮮でビタミンやミネラルが豊富な青菜や果物を与えることは、食の楽しみを増やすだけでなく健康維持にも有効です。

羽

incolish 77 暑くてもワキワキする

「あっつ〜。」
The danger past, and God fogotten.

いつもは求愛のために「ワキワキポーズ」になるめいくんですが、ようすが違うかな？ インコは暑いときにもワキワキポーズになり、羽の下の風通しをよくして体温を下げようとすることがあるのです。口を開けて暑そうにしているときは、とくに暑がっています。温度調整を。

足

incolish 78 足でごはんを食べる

「器用でしょ？」

Love well, whip well.

足を器用に使うシロハラインコ。ごはんやおやつは足でつかんで器用に食べます。インコにも右利き左利きがあり、よく使う方が効き足らしい。オレオくんは左利きかな。足の器用さをいかして、バイバイや握手などの一瞬芸を教えても楽しいでしょう。

水浴び

incolish 79 ほかの鳥につられて水浴び

「お風呂って そうやって入るんだ！」(イヴ)

Custom makes all things easy

まだ幼かったイヴちゃんの前で、姉貴分のばど美ちゃんが水浴びを始めました。このころはまだ水浴び経験のないイヴちゃん。興味津々に見つめていました。水浴び欲は伝染するので、苦手な子でもほかのインコの水浴びを見せたり、そばにいさせると一緒に始めることも。

睡眠

incolish 80 変なポーズで寝る

「ただいま爆睡中〜。」

All that glitters is not gold.

「ボタンインコはオカメインコより好奇心旺盛」なんて言いますが、それも育て方次第。イヴちゃんは度胸があって、活発なインコに育ちました。飼い主の気を引くために変なポーズをしたり、反応を見たり。ペーパータオルをかじってちぎる遊びの後、ぐっすり眠ってしまいました。

睡眠

iacolish 81 赤ちゃんはよく寝る

「ああ、疲れた。」
Great oaks from little acorns grow.

イヴちゃんが赤ちゃんのころの写真です。人になれていないので、人の手は怖くない、新しいものは楽しいよと勉強中で刺激的な毎日だったのでしょう。楽しそうに過ごしていたかと思うと、すぐに眠りこけてしまったりしていました。

睡眠

incolish 82 満腹になると、野性が消える

「はっ、あたし寝てた？」

Enough is as good as a feast.

ごはんを食べたらおなかいっぱい。人間同様、インコもおねむに。警戒心もどこへやら……ごはんをくちばしにつけたまま寝ちゃいました。たくさん食べて遊んで眠るのは健康な証拠。ただし、病的に寝てばかりは要注意ですよ。

対インコ

incolish 83 ペアにしても恋が生まれない

「ヤツには興味ないわ。」
(ばど美)

Fire is love, and water sorrow.

インコがペアになるのを望むなら、事前に対面させるなどで相性の確認をしましょう。すでに仲が悪い同士は「同じケージに入れない」などの対策を。仲良しになってもらいたい場合は、ケージを隣同士に置き、反応を観察し、経過を見ながら一緒に放鳥するなどでようすをみます。

対インコ

incolish 84 近づきすぎると、怒られる

「なれなれしいな！」
（カイン）

It is love all on one side.

イヴちゃんが愛する彼に一歩ずつ距離を縮めていましたが、怒られました。嫌だというメッセージは、目をそらす、体をそむける、遠ざかるなど小さなサインで始まります。お互いの距離感も大事。「噛む」という最終行動に入る前にボディサインをよく見てあげて。

対インコ

ir.calish 85 インコの世界も女性上位？

「オカメ男子ってちょろいわね。」
(ばど美)

Patience is a virture.

熱烈求愛してきためいくんと、そんな彼の冠羽を引っ張っているばど美ちゃんのちょっといじわるな目が対照的です。仲良しならお互いの差し出す頭をくちばしでやさしくカキカキしたり、見ていてもほほえましくなるくらいなはずですが、この2羽にはほど遠いよう!?

対インコ

incolish 86 女同士の決闘

「あたしのほうが、かわいいんだから。」(ばど美)

Diamond cut diamond.

女の敵は女といいます。誰が注目を集められるかが、多羽飼いの場合、多くのインコの関心事。飼い主の愛情を独り占めにしたいのです。とくにイヴちゃんは、放鳥する順番を気にします。後回しにすると、おもちゃをくわえて振り回して暴れたりと、不機嫌になるのです。

対インコ

inzol.sh 87 意外な求愛にとまどう

「えっ、突然すぎて反応に困るわ。」

A woman runs after who shuns her.

珍しいこともあるものです……この日はいつもイヴちゃんに対してつれないカインくんが、ワキワキしながらイヴちゃんにアプローチ。あまりの態度の変化に困惑したようすのイヴちゃんです。いつもは押していくイヴちゃんですが、この日は引いています。インコに学ぶ恋愛の秘訣？

対インコ

incolish 88 愛があふれるラブバード

「一緒にいると、幸せだよね。」
Birds in their little nests agree.

ボタンインコやコザクラインコは、つがいだとインコ同士で仲良くしていますが、1羽だと飼い主にべったり甘える子になることも。写真はイヴちゃんのきょうだいのみぞれさん。離れて暮らしている2羽ですが、久しぶりに再会しても、こんなに仲良しなんですね。

楽しみながら芸トレーニング

クリッカートレーニングの基本

　インコの芸トレーニングには、「クリッカー」という道具が最適です。クリッカーは、ボタンを押すと音が鳴るだけというシンプルな構造で、お値段も数百円とリーズナブル。ばど美ちゃんもこのクリッカーによって、できる芸が無限大になりました。

　インコの芸トレーニングは、P31、32、56の通り、「ほめて伸ばす」のがベスト。「行動の後によいことがあれば、その行動を繰り返す」という行動学の理論通り、なにかを覚えてほしいときには、よい行動をクリッカーでタイミングよくマークするのです。つまり、やってほしい行動ができたときに、インコ自身が報酬と思うごほうびを出すことで、インコのやる気がアップするのです。インコは動きが速いので、わかりやすくシャープなタイミングで「その動き、いいよ！」と伝えるのにはクリッカーが◎。

　クリッカートレーニングは、【1】クリッカーを鳴らしおやつをあげる（まず、クリッカーの音が鳴るとごほうびがもらえるということをインコに覚えさせる）

【2】芸になりそうなしぐさ、してほしい動きができたときにクリッカーを鳴らしておやつをあげるという2段階が基本となります。これを繰り返していくうちに、どんどんしてほしい行動や芸の種類が増えていくでしょう。

→クリッカーは、ばど美愛用中のものが、http://www.dingo.gr.jp/goods/index_goods.html　で買えます。

Lesson 3
ココが魅力!
パーツ別萌えガイド
12

足

incolish **89** 足の筋肉がプリッ

鳥モモ

Tori-momo

羽毛に埋まった足があらわになると筋肉プリッ。"鳥モモ"、"ももひき"などと呼ばれるパーツです。インコはとまり木にとまったり、木に登ったりするので、日々筋トレをしているようなものなのでしょうか。とくにイヴちゃんは逆さづりやケージ張りつきに励んでいるのでムキムキです。

顔

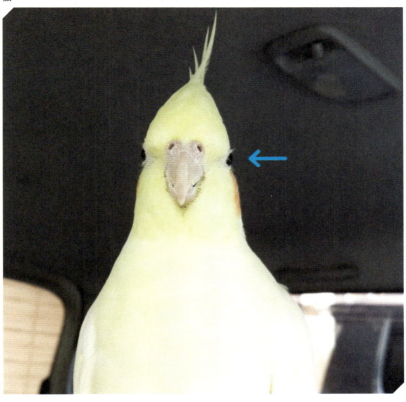

incolish 90 正面顔を見せる

正面顔
Shomen-gao

インコは目が横についているため、正面から見ると、目が離れすぎでかなりブサイク!?　とくにオカメインコは、冠羽に向かって頭のてっぺんが三角形に伸びていてさらに変。でも、飼い主にとってはかわいくて♥

顔

incolish 91 **ほほ毛がぶわっ**

ほほ毛
Hoho-ge

ふだんはぺったり寝ている羽毛が、ふっくらとふくらんでいるでしょう？
これは落ち着き、リラックスのサイン。飼い主のひざの上で、まったりと
幸せ気分でいるのかもしれません。安心できる場所でおねむになった
のか、あくびまで出ちゃいました。

頭

incolish **92** 頭を回してドリルみたい

インコドリル
Inco-drill

高速回転の工具に似ている？　そう、"インコドリル"です。顔についた羽やゴミなどを払い落すとき、水浴びのとき、興奮したときなどに高速で顔をブルブルとふるわせます。あわせて体全体をぶるぶるすることも。

首

incolisa 93 伸びれば体長、約2倍

首伸び
Kubi-nobi

キ、キリン……!?　いえいえ、インコです。びっくりしたときや、「なにそれー?」と気になるものを観察しているとき、インコの首はぴょ〜んと伸びるのです。反対に怖いときは首をすくめます。バネみたいですね。表情豊かなしぐさに思わず笑みがこぼれます。

頭

incolish 94 冠羽の下にハゲがある

オカメのおハゲ

Okame-no-ohage

ばど美ちゃんのように全身が黄色のオカメインコを「ルチノー」といいます。ルチノーは、冠羽の下にハゲ部分があるのが特徴です。これは病気ではなく、遺伝によるもの。背後から眺めると、なんともいえない愛嬌がありますね。

目

incolish 95 目を細める

うっとり目

Uttori-me

ボタンインコはラブバードといわれるだけあって情が深いらしい。そのため、イヴちゃんもラブモードに入りやすい。そんなときは、白いアイリング（瞳を囲む白い部分）がぷくっとふくらんで厚みを増したような感じになって、目をほんのちょっと細めたように見えます。

くちばし・口

incolish 96 口を開ける

小さくかわいい口の穴

Kuchino-ana

汗をかかないインコは、ふだん口を閉じている子でも暑いときに口を開けます。またあくびのとき大開きになることも。歯がないのは体の軽量化のためと言われています。下のくちばしの根元は羽がなく、小さな穴が開いているよう、ここを触ると喜ぶインコもいます。

におい

inco'ish 97 水に濡れるとにおいが変わる

濡れインコ

Nure-inko

水浴びで顔までびしょ濡れになったかと思えば、羽をバタバタさせて水切り運動が始まり、あっという間に乾いてフワフワに。いいにおいがするといわれているインコですが、水に濡れると一段と強まり、多くの愛鳥家を悩殺。ちなみに種類によって、においって変わるんですよ。

足

ココが魅力！パーツ別萌えガイド 12

incolish 98 つま先立ちで背伸びする

つま先立ち
Tsumasaki-dachi

遊んでいたら、気分が盛り上がってつま先立ちに。力いっぱい踏ん張って、羽毛にくるまれたモモが丸見え！　背が届かないところのものを取ったり、見たりするときなどに、よくつま先立ちをします。ばど美ちゃんの場合、必死の形相で三角目になります。

行動・しぐさ

r colish 99 かわいいポーズを決める

乙女なうちまた

Uchi-mata

多くのインコの得意技・うちまた。みんな「自分がもっともかわいく見えるポーズ」を知っていて、不意に飼い主のハートをズッキュン★ 「この姿勢は飼い主が嬉しそうだな」、「ほめてもらえる」など経験を重ねることによって、ポーズを学習していくケースも。

行動・しぐさ

incolish 100 足をふんばりドヤ顔

雄々しいがにまた

Gani-mata

ばど美ちゃん、勇者モード。部屋の中をバタバタと飛び回り、スタッと着地を決め、がにまたポーズでドヤ顔を決めました。飼い主の予想もつかない行動で楽しませてくれるインコ。次はどんなおもしろいことをしてくれるのかな？

できるインコは、おやつで育つ

インコとおやつのお話

　インコのごはんの基本は、シード（植物の種）とペレット（固形化された総合栄養食）＋おやつ。おやつは芸トレーニングに励んでいるインコなら、トレーニングのときにあげましょう。好ましい行動をしているときに、好物のおやつをあげるとどんどんよい子になります。もともと食が細かったり、決まったものしか食べないような子もいますが、食の楽しみを増やすためにもいろいろなものを食べられるようにしておきたいですね。

　具体的には、野菜や果物。これらは旬のものを選んであげるとよいのではないでしょうか。果物だとリンゴやブドウを好むようです。そして、トウモロコシは多くのインコの大好物。人間の食べもの（加工物）をあげると糖分塩分などが過多となり、健康を害することがあるので控えて。インコに与えてはいけないものについては、飼育本を読んで勉強しましょう。

　ところで、あなたのインコは、カメラが苦手だったりしませんか？　カメラを向けると嫌がるようになったら、シャッター音の後におやつをあげたりするとカメラをちゃんと見てくれるようになります。

　このように、ビタミン、ミネラルを補うだけでなく、おやつはインコのやる気を引き出してくれる魔法のアイテムとなります。効果的に使ってみてください。

【体】
incolish 6　体をかく ………………… 19

【頭・顔】
incolish 90　正面顔を見せる ………… 107
incolish 91　ほほ毛がぶわっ ………… 108
incolish 92　頭を回してドリルみたい … 109
incolish 94　冠羽の下にハゲがある … 111

【首】
incolish 24　首をかしげる …………… 37
incolish 51　首を伸ばしたり
　　　　　　　かしげたり ……………… 66
incolish 93　伸びれば体長、約2倍 …… 110

【くちばし・口・鳴き声】
incolish 33　とまり木でくちばしを
　　　　　　　掃除をする ……………… 46
incolish 41　ギョリギョリという
　　　　　　　音を出す ………………… 54
incolish 56　メロディや音をマネる …… 71
incolish 58　紙を細く切り刻む………… 73
incolish 96　口を開ける ……………… 113

【目】
incolish 49　目をじっと見る ………… 64
incolish 50　紙に興味津々 …………… 65
incolish 55　仁王立ちで見つめてくる …… 70
incolish 95　目を細める ……………… 112

【羽】
incolish 7　丁寧に羽づくろい ………… 20
incolish 11　羽が生え変わる ………… 24
incolish 12　羽を広げて、バサバサする … 25
incolish 32　突然、モッフモフになる …… 45
incolish 34　尾羽の先まで
　　　　　　　きれいにする …………… 47
incolish 40　全身がふくらむ…………… 53
incolish 42　おやすみ前の羽づくろい…… 55
incolish 43　冠羽が立つ ……………… 58
incolish 45　スサーっと翼を伸ばす……… 60
incolish 47　愛してワキワキする ……… 62
incolish 48　飛行機のポーズ ………… 63
incolish 59　王子様みたいに
　　　　　　　冠羽が立つ ……………… 74
incolish 77　暑くてもワキワキする …… 92

【足】
incolish 54　足の力で、踏ん張る！ …… 69
incolish 57　器用な足で
　　　　　　　バイバイもできる ……… 72
incolish 78　足でごはんを食べる……… 93
incolish 89　足の筋肉がプリッ ……… 106
incolish 98　つま先立ちで背伸びする … 115

【におい】
incolish 97　水に濡れると
　　　　　　　においが変わる ………… 114

インコが出すサインから、気持ちを探ってみよう。

【移動】
incolish 22 練習すればお出かけOK …… 35
incolish 70 リードをつけてお散歩 ……… 85

【居場所】
incolish 21 ケージから出たがる ………… 34
incolish 63 スキマが気になる …………… 78
incolish 64 なんでも顔を突っ込む ……… 79
incolish 65 部屋の中を飛び回り、
あちこちで遊ぶ ………… 80
incolish 66 狭いところにこもる ………… 81
incolish 68 高いところに行きたがる …… 83

【おもちゃ】
incolish 4 鏡があれば、のぞきこむ …… 17
incolish 14 おもちゃには、
ゆっくりなれる ……………… 27
incolish 15 動くものは、
すべて気になる ………… 28
incolish 16 気になるものは、
まずかじる ………………… 29
incolish 17 遊ぶ。くわえる。壊す ……… 30
incolish 31 人間の道具で遊ぶ ………… 44

【トレーニング】
incolish 18 ごほうびをもらって
やる気になる ………… 31
incolish 19 覚えた芸の応用で、
新しい芸を覚える ………… 32
incolish 30 楽しみながら、
いろいろ覚える …………… 43

〈トレーニングコラム〉
芸の教え方1
「インコ芸を教えるには」 ……………… 56
芸の教え方2
「クリッカートレーニングの基本」 …… 104

【行動・しぐさ】
incolish 8 ぼーっとする ……………… 21
incolish 9 大きなあくび ……………… 22
incolish 20 体力の続く限り、
外で遊びたい ……………… 33
incolish 29 気分がよければ、
カメラ目線 ……………… 42
incolish 44 物影からうかがう …………… 59
incolish 52 ごろごろ転がる …………… 67
incolish 53 人のコップで水を飲んだり、
遊んだり ……………… 68
incolish 60 ホレた相手には一途に粘着 … 75
incolish 61 穴があればのぞきこむ ……… 76
incolish 62 頭を出してようすをうかがう 77
incolish 67 窓の外をじっと見る ………… 82
incolish 69 おもちゃにビビる ………… 84
incolish 71 遊びを自分で発明する …… 86
incolish 99 かわいいポーズを決める … 116
incolish 100 足をふんばりドヤ顔 ……… 117

【ごはん】

incolish 1	朝ごはんを食べると活性化	14
incolish 5	体重測定	18
incolish 10	ごはんが好きな子はすぐ太る	23
incolish 25	ごはんを探してパトロール	38
incolish 26	おやつは暮らしの楽しみ	39
incolish 27	人間のごはんに興味津々	40
incolish 38	食べものへの飽くなき挑戦	51

【睡眠】

incolish 23	くちばしを背中にうずめて目を閉じる	36
incolish 37	夜に向かって眠くなる	50
incolish 80	変なポーズで寝る	95
incolish 81	赤ちゃんはよく寝る	96
incolish 82	満腹になると、野性が消える	97

【水浴び】

incolish 13	水を見たらとりあえず入る	26
incolish 46	ノリノリで水浴び	61
incolish 79	ほかの鳥につられて水浴び	94

【日光浴】

incolish 3	天気がいいとインコも元気	16

【対インコ】

incolish 2	好きだと距離が近く、嫌いだと遠い	15
incolish 28	相手の出方を見ながら距離を縮める	41
incolish 74	嫌いなものは見ないフリ	89
incolish 75	2羽で食べれば、仲良くなる	90
incolish 76	ときどきごはんを3羽で食べる	91
incolish 83	ペアにしても恋が生まれない	98
incolish 84	近づきすぎると、怒られる	99
incolish 85	インコの世界も女性上位？	100
incolish 86	女同士の決闘	101
incolish 87	意外な求愛にとまどう	102
incolish 88	愛があふれるラブバード	103

【対飼い主・犬】

incolish 35	オカメインコは犬と仲良し	48
incolish 36	安心できる場所でまったり	49
incolish 39	夜のインコは甘えん坊	52
incolish 72	転がるの大好き！	87
incolish 73	クールなインコがときどき甘える	88

おわりに

おわりまで読んでくださって
ありがとうございました。

インコの気持ちがわかるようになりましたか？
そのときどきの気持ちを察してあげることが
インコと気持ちが通じ合う関係になるために大切なのです。

ものを言えないインコたちですが、
飼い主さんが個性を理解し、日常的に話しかけてくれたり、
こまめにケアしてくれると
ほがらかで性格のいいインコになってくます。

そのためにも、この本を片手に
ボディサインを読んで、日々快適な環境を
提供してあげてください。
その積み重ねこそが、インコを幸せに長生きさせるヒケツ。

そのうち、あなたのインコだけが
とくべつに見せてくれるかわいいボディサインを
発見できるかもしれませんよ。

これからも、インコとの暮らしが
幸せに続きますように！